U0044445

作者：

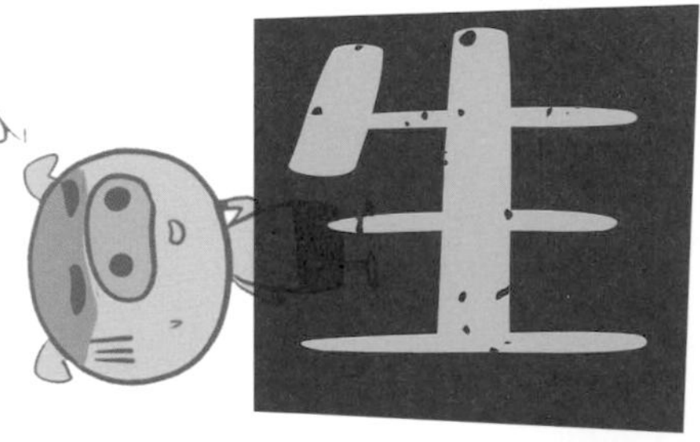

老闆好機車？員工愛偷懶？

背後辛酸原因，對方哪知道！

一樣事件、兩種立場，

職場上只有知己知彼，

辦公室才能更和氣！

Monkey
奇可奇卡

圖文畫家——不死兔

雖然脫離職場很久了，奇可奇卡繪製的職場漫畫瞬間又勾起我當年的回憶，超級感同身受的員工視角以及完全無法用正常人邏輯去理解的老闆思維，讓人又笑又無奈的想哭呀～人生呀～～～

漫畫家——Seven Sam

受邀於奇可奇卡寫序時，真是有點受寵若驚！這幾年中圖文作家隨著社群媒體增加，有不少創作者崛起之中，而在眾多作品之中，我被奇可奇卡的笑點戳中，在繁忙及高壓的工作之中總能帶給我一絲絲微笑。

在畫技跟行銷包裝下的產物不勝枚舉，而他卻能憑著敏銳的觀察各行各業及生活點滴的細節將其畫出，再賦予其笑點，這個難能可見的功力總是能創下一波波的點擊率或分享率的好成績，不是能用金錢買廣告業配能匹敵的圖文作家能辦到的。

這次能在書發行前，一飽眼福看了許多精彩的作品後，尤其是職場文化中竟然有從老闆視角的作品，這應該是挑戰市場的極限嗎？但也不乏站在上班族的心態及家庭中兩難的主題。也許是我也擔任過員工，現在也是公司老闆的身分下，

對於這本著作是相當有共鳴及心得。

知道作者在平時要更新圖文，更要花思創作本書的內容，以努力及堅持完成這本著作，是相當不容易的且不簡單，身為創作者的老闆更是蠟燭兩頭燒，期盼大家買回家後能好好讀個數回，相信每回都有不同的心境埋在圖文之中，也許是上班族、也許是老闆的你，能透過本書對於職場的不同視角來體諒對方的立場，來為對方想一想吧！在這勞資對立的土地上，能創造出歡笑之餘也帶有點啟發作用囉～

Seven Sam

部落客——多多看電影

職場生活太過負能量，還好有奇可奇卡的梗圖漫畫！我服完一年的兵役後，僅在職場待上不到一年的時間，便毅然決然地轉做全職的電影部落客，但那短短不到一年的時間卻也夠讓我體悟到上班族的辛酸血淚史，以及員工對於老闆的各種怨念與情緒，總認為自己的想法是對的，無法理解主管或老闆的堅持與做法，當時血氣方剛的我，甚至時常在開會時與老闆產生意見衝突，但事情往往是一體兩面的，有時候老闆或主管可能有他們的考量，甚至有些想法是人們要在那個高度與地位時，才有可能看透的。

下班前一刻老闆說要開會？下班到家後卻被老闆電話叫回要趕工加班？這些極有既視感的畫面，是否勾起過往不美好的工作回憶呢？這次奇可老師的新書將用趣味生動的梗圖漫畫，來呈現出職場上的各種負能量，並將人氣超高的雞排店老闆也加入故事中，看看奇可與雞排店老闆的對手戲，將分別從「員工」（奇可）與「老闆」（雞排店老闆）兩種不同視角去做切入，精闢的點出公司中上對下與下對上的眉眉角角。

漫畫可以單純的耍北爛，無腦的讓大家笑一笑，也可以透過圖像來傳達一則則故事，並啟發讀者背後的寓意，奇可老師選擇的是後者。

不妨翻開這本書，好好品味職場中的箇中滋味吧！

生化博士，台灣外星人研究所所長——江晃榮

認識奇可是在一個偶然機會下，應可說是緣分吧！但當初只知他是多媒體工作者厂後來才知他也是一位漫畫家，難怪自稱奇可奇卡（卡通的卡？）。

我從小就喜看卡通及漫畫，當我看到奇可的卡通人物後，不禁想起有名的香港《老夫子》，日本《小叮噹》以及１９６０年代台灣的《阿三哥與大嬸婆》，很驚訝奇可的漫畫人物很有特色，尤其是那位公司老闆。

奇卡這本書不是單純休閒書，更具有益智實用價值，談的是職場上的大小事，是由兩種角度（員工視角及老闆）來笑談員工及老闆既對立又合作，員工希望是錢多事少離家近，而老闆則是相反立場，但另一方面來說，公司若沒賺錢，員工工作就會不保，這種唯妙關係是值得探討的，奇卡使用卡通人物道盡了這一切。

所以這是一本值得一讀再讀的好書。

文案的美負責人——林育聖

職場是讓人又愛又恨的地方。

恨不用說，工作上的壓力、同事的矛盾、主管的要求和老闆的無理，都讓人每天失去起床的動力。那愛是什麼？愛是那些瑣事帶來的滿足，一起團購的下午茶、中午八卦的飯桌、茶水間竊喜的小點，又或是一起面對大案子後，突破的成就感。

每個月，有個地方固定給你錢，能去享受這樣的生活與挑戰，不愛嗎？

每次看「奇可奇卡」時，都我感受到這樣的又愛又恨。

愛是他畫的角度總是如此簡單貼切；恨是居然無法吐槽他說的事，真是說得太對了！

從進化論哏、夫妻啪啪哏、鹹酥雞哏，他不斷在進化自己的主題和內容，一直都有新的趣味和突破，非常的厲害。

因此當他說他要出一本關於職場的圖文書時，我特別的期待，好奇他會如何去詮釋職場呢？

如果你是在職場打滾多年的人，那這本書一定可以讓你捧腹大笑。

如果你是剛踏進職場的人，那這本書甚至還可以教你一些職場道理。

如果你是已經脫離職場的人，那這本書可以讓你回味那些愛恨交織的日子。

如果你的生活，需要多一點調劑，那奇可奇卡就是最好的味道。

圖文畫家——泡菜公主

認識奇可奇卡一段時間了，他總是個做事很努力、很用心的人，這次奇可奇卡的新書是講述職場上的故事，用逗趣詼諧的漫畫來說上班族們的辛勞，明明就是慣老闆，但透過奇可奇卡筆下創作，都變成了令人幽默一笑的故事。

本身一直都是很照顧員工的好老闆，相信透過了這本書，就算上班的日子有多麼地苦，都可用來調劑身心，前進的一種動力吧！

加油了！白領族們！

泡菜公主

圖文畫家——海豚男

職場遇到的回憶，常能在奇可奇卡的職場漫畫裡面再次回味到，不管是衰事還是趣事鳥事，他總能引起網友的共鳴，因為想起自己和老闆的故事，不經意居然能跟奇可奇卡的漫畫故事能重疊起來，當時的苦都變成回甘的梗了，職場酸甜苦辣在奇可奇卡筆下就像他最愛的鹽酥雞一樣，多樣選擇，要辣不辣任君挑選，你總會找到屬於你自己的故事味道。

Chico Chica奇可奇卡賀
新書上市!!
2019.12

作者序

出一本屬於自己的書，對每個人來說都是一個夢想，我為了這個夢想走了42個年頭，自己在人生這42個年頭裡，經歷了好幾種身分。

曾經是領失業補助的失業者、曾經是一個SOHO族、也曾經是一個上班族，到今天我站在一個創業者的角度～

回顧過去，總會有很多感嘆！！很多喜悅～很多心路歷程。就因經歷了這些人生角色，我完完全全能體會每個角色箇中的喜怒哀樂。因此這本圖文書，我用了創業者的視跟上班族的視角，來詮釋職場上的人事物。有人說……換了位置就會換了腦袋，這句話我真的能完完全全體會。

當你處在那個位置上時，你對人事物的想法還有視角，真的會完完全全改觀。衝突～矛盾～都會在內心糾結，我正因為這樣也認為勞資雙方，更應該互相體諒，這也是我畫這本圖文書的最大目的！！

看到目前的社會氛圍，勞資對立有點嚴重，這絕對不是好事情，多多換位思考、多多站在勞方或資方角度看待一切人事物，少一點衝突！多一點體諒～我相信這個社會會更和諧，會更進步。

當然啦！！認同這本圖文書～請多多幫我宣傳，讓這本書大賣XDDD～奇可會非常感謝您，畢竟創作者一樣要有收入～才能創作出更多好作品～對吧^^

吳奇可筆

2019.12.15

目次

奇可

身高：155cm
體重：70kg
生日：1977／07／18
星座：巨蟹座
個性分析：
幽默、搞笑、冷靜員工，
做事有效率，老闆欣賞。

謎猴

身高：160cm
體重：45kg
生日：1980／10／10
星座：天秤座
個性分析：
八卦、小聰明、好動員工，
做事投機取巧，見風轉舵。

豬呔

身高：158cm

體重：80kg

生日：1983／02／03

星座：水瓶座

個性分析：

跟風、打混、狀況外員工，總是被邊緣化，不受重視。

老闆秘書

身高：170cm

體重：46kg

生日：1993／12／31

星座：魔羯座

個性分析：

聰明、眼色好、優質員工。

禿頭老闆

身高：165cm
體重：90kg
生日：1963／08／13
星座：獅子座
個性分析：
外表看似嚴肅，內心卻是暖男，
很替員工著想的老闆。

上下班
Boss
視角

今天一定要
準時下班！
09:25

喝喝喝!!!
噠噠…
……
16:00

哈哈！水啦！差不多了！
準時下班沒問題啦！

YES!!

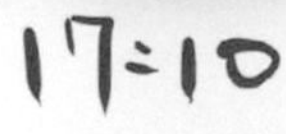
17:10

客戶的客訴報告還沒好嗎？
明天10點前我要看到。

石化
17:23

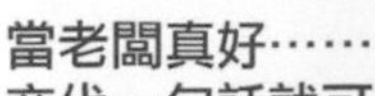

當老闆真好……
交代一句話就可以回家，
我還要留在公司賣命……

嗚…
23:00

是是是……梁董非常抱歉，
這批貨客訴，我馬上處理。
Boss
17:20

慘了！得罪梁董，
今年又要虧損！
17:21

客戶的客訴報告還沒好嗎？
明天10點前我要看到。
石化
17:23

梁董，非常抱歉。
OK，沒事了，
下不為例！
23:00

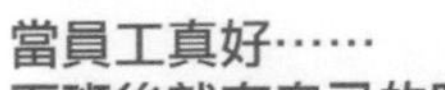
當員工真好……
下班後就有自己的時間……

凌晨02:00

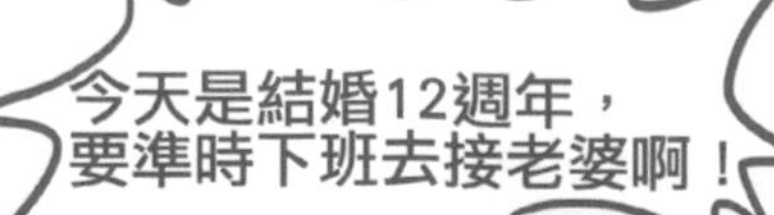
今天是結婚12週年，
要準時下班去接老婆啊！

噠噠

哈哈哈！水啦！差不多了！
準時下班沒問題啦！

YES!!

對不起我遲到了！

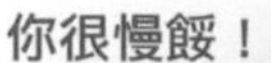
你很慢餒！

去哪裡吃啦？

叮咚！
....

老闆要我回去
支援夜班……

石化

沒關係啦……
工作比較重要嘛！

我也不想好嗎！

哎~~

哈哈哈……薛總你放心，
明天一定準時出貨！
下班

陳總不要擔心啦！
明天絕對幫你處理。
晚餐

唉……還是不放心，
通知所有人支援
大夜班趕貨。
Boss

隔天

血汗工廠啊！

唉……我也不想
下班後勞煩你們。

關於塞車

喂！謎猴……我塞在車陣中，
幫我寫一下假卡，我請你喝飲料！

我要60嵐多多檸檬。

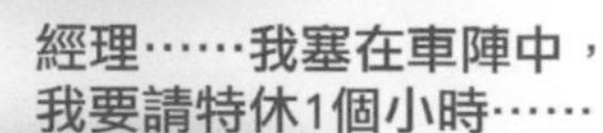

經理……我塞在車陣中，
我要請特休1個小時……

奇怪，就你特別會塞車？

老闆……我塞在車陣中……
會晚點進公司……

不會早點出門嗎？

吳董！抱歉我塞車晚點到。

到哪裡了？
快點啊！

陳總！我們會議可以晚點嗎？

快點！
下午有
事！
梁總！真的非常不好意思，
我再過5分鐘就到了！
不用來了！
合作到這邊！

呀呼！今天準時下班！
趕快刷卡回家！

嗶!!!

奇可來我辦公室一下，
有個企劃案要跟你討論。

乾……

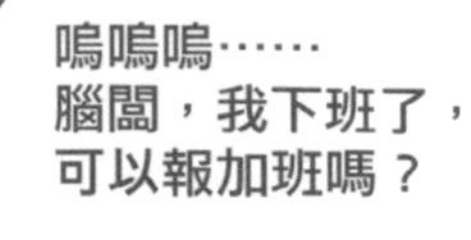
嗚嗚嗚……
腦闆，我下班了，
可以報加班嗎？

Boss

喔！水啦！這點子不錯！
Boss

快點！趁還沒下班，
找個人來討論一下。

嗶！！！
17:25

奇可來我辦公室一下，
有個企劃案要跟你討論。

Boss
是在哭屁！
我一秒幾十萬上下，
下班還撥時間出來
跟你討論公司方針，
這是你的福氣捏！
不知道珍惜，
老闆沒上下班的！

關於團購

我要團購棋盤腳酥，誰要跟？

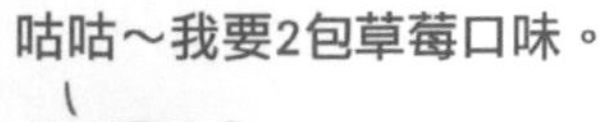

OK!!

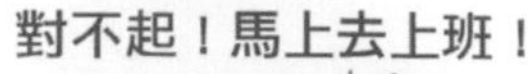

咦？他們在幹嘛？
開團嗎？
去問問看。

嗚……怎麼跑光了？
我也想訂購啊……
老闆不能買哦？

關於加班

事情做不完……
跟老闆報加班吧！

老闆……今天要寫企劃案，
我可以報加班嗎？

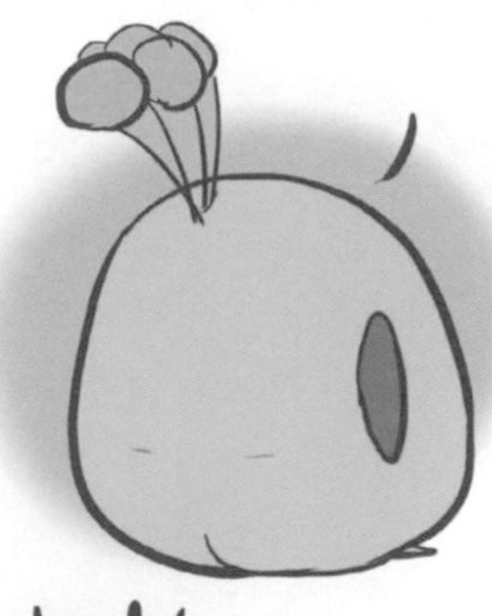

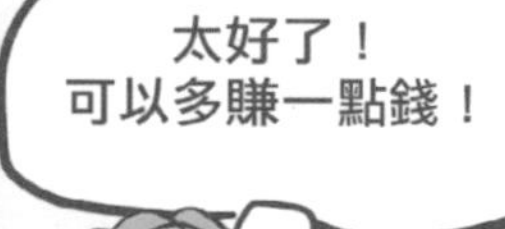

太好了！
可以多賺一點錢！

不過這一週把它補休掉，
今晚你好好努力吧～

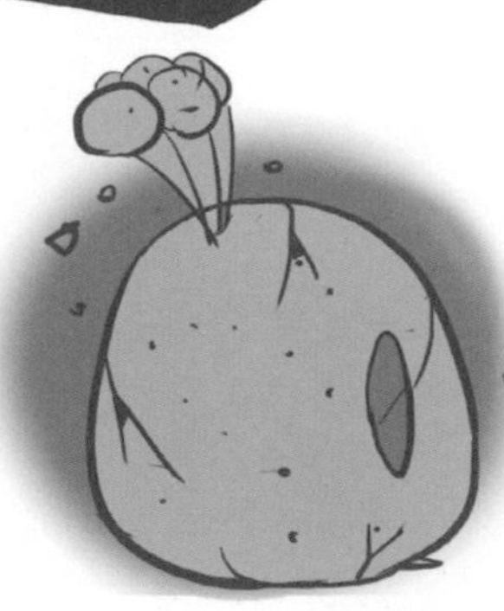

唉……這個月營運又虧損了……

要開始來控管加班了……

嘿嘿嘿……就是你了！
由你開始執行加班補休！

老闆～
我可以加班嗎？

關於生病

咳!咳!

咳!咳!

咳!咳!
哎呀！奇可～感冒
就請假了啊！這麼拚！

請病假會扣全勤，
請特休年底就不能換錢，
哪像老闆，不想來就不用來！
咳!咳!
說得也是～

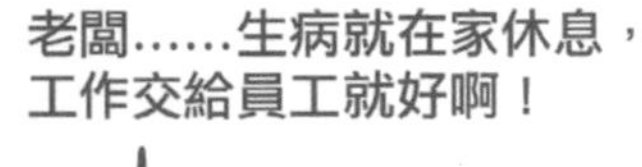

唉……今天有重要客戶，
見不到，訂單就沒了，
沒訂單……薪水怎麼來？
哪像員工，請個假就可以！

老闆的話：

為了員工生計，我不分上下班；
為了公司營運，我不分日或夜；
為了團隊永續，我沒生病權力！

員工的話：

為了餬口飯，我們不分上下班；
為了活下去，我們不分日或夜；
為了賺點錢，我們沒生病權力！

福利 視角

關於面試薪資

我們這個工作，需要3年經驗，
還有相關KAHOLAN證照……

薪資大概是23K。

可以接受嗎？好好幹，
公司不會虧待你。
這種薪資……
要求一大堆，到底憑什麼
有那個臉找員工啊……

我有PLP證照，打手槍甲級技術師，
KAHOLAN集團任職3年經驗……
Boss

那你要求薪資多少呢？
40K
Boss

這樣公司只能給
23K哦～可以接受嗎？
……
這點能力，
到底憑什麼
有臉要求
這麼高薪資？
Boss

關於調薪

想像的調薪

薪資：23000

第1年

薪資：23000

薪資：32000

第3年

薪資：23000

薪資：42000

共體時艱！

BOOOM!!

薪資：23000

薪資：62000

第7年

薪資：23000

第1季報表

營業額
盈餘

第2季報表

營業額

盈餘

第3季報表

營業額
盈餘

第4季報表

營業額

盈餘

哈哈哈！今年訂單這麼多
絕對可以調薪啦！
YES!!

營業額增加……
盈餘卻創新低……
今年還是共體時艱好了！

關於年終獎金

奇可，好興奮啊～又要領年終了！

對啊！今年的營業額飆高！

去年沒年終可領，
今年非常可期待！
HA!HA!HA!HA!
共體時艱！
乾....
BOOOM!

漂亮的數字！
營業額又創新高！
今年的年終
也發多一點吧，
體恤員工辛勞！
Boss

等……
等等！
獲利竟然……
沒增加！

唉……
今年還是……
Boss
共體時艱一下好了…

HA!HA!HA!
叮咚!!
叮咚!!
叮咚!!
....
靠北啊！
休假也在疲勞轟炸，
放鬆一下也不行！
...
啪!

好不容易可以休個假，
來好好休息吧～

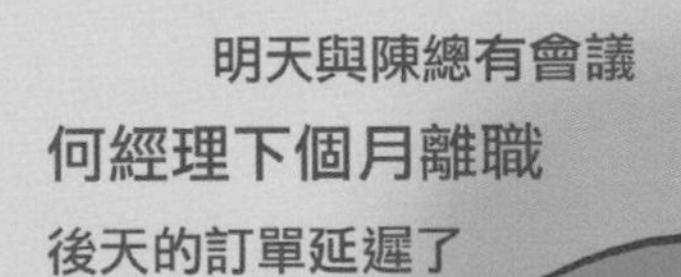
明天與陳總有會議
何經理下個月離職
後天的訂單延遲了
....
公司營運虧損
廢水不改善勒令停工
李董約打小白球

靠北啊！
我睡不著啦！
去公司好了！
嚇ㄚㄚㄚ！

上班打卡

07：59

07:59

OH OH OH!!!

08：00

嗶!!
08:00
水啦!!!
剛好8點!!

下班打卡

趕下班囉！

17：15

17:15
不是還有5分鐘，
怎一堆人排隊了
靠北…

上班打卡

08：04

OH OH OH!!!

08：05

下班打卡

趕下班囉！

17：20

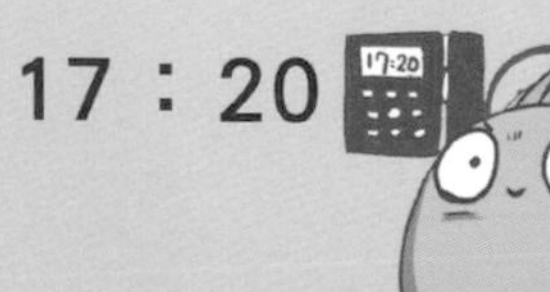

大家延後5分鐘排隊刷卡
狀況好像沒改善啊……

關於責任制

上班打卡制

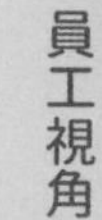

下班責任制

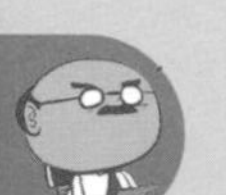

上班責任制

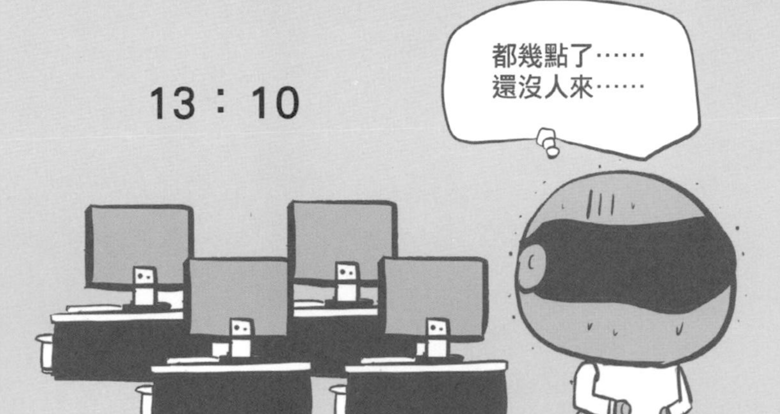

下班打卡制

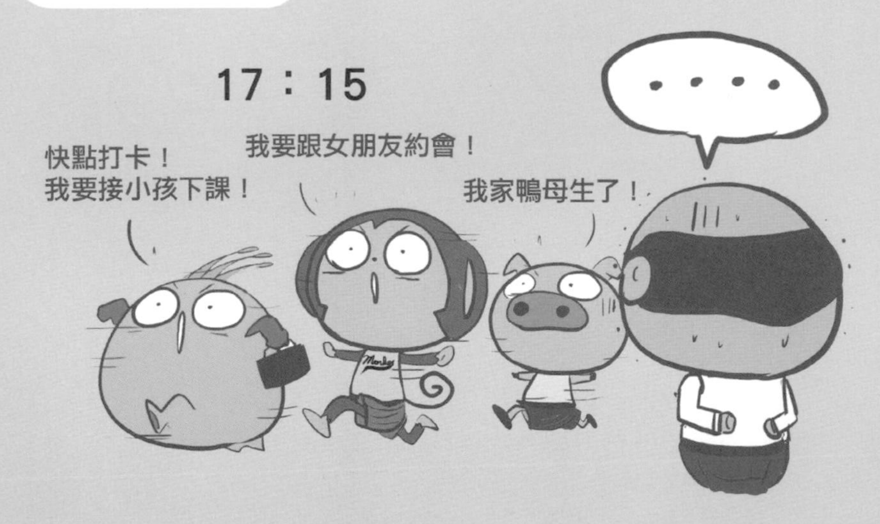

17：15
快點打卡！
我要接小孩下課！
我要跟女朋友約會！
我家鴨母生了！
・・・・

棋盤腳颱風今晚登陸……
OH
高雄市宣布，明天……
噗通！噗通！
緊張……
期待……
停班停課……
YES!!!
YA~

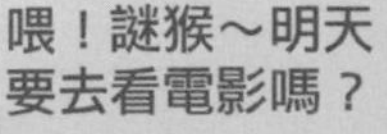
喂！謎猴～明天
要去看電影嗎？

棋盤腳颱風今晚登陸……
OH
OH
高雄市宣布，明天……
噗通！噗通！
不安…
不安…
停班停課……
那A安捏！
靠！！
明天通知所有人風雨無阻，
通通都要來加班趕貨！

想要福利？
拿出績效～

Monkey

想要績效？
拿出福利～

休假類型

視角

關於連休

哦～今年的假出來了，
開始擬訂連休攻略！

哦～4月請特休2天～可以連休6天誒！
水喔!!

HA!HA!HA! HA!HA
2月分請特休3天，
可連休半個月！

嗚～～～

離職單遞出來～
可以連休365天哦～

明年的連休還滿多的。

這時候……公司員工應該都在擬訂
怎麼請特休，能連休多一點天數……

這種狀況過多的話，會影響公司運作，
我得想個辦法防堵啊……

哼哼哼……
敢請特休
達成連休的員工，
全部扣考核成績，
哼哼哼哼……

關於特休

我今年特休剩3天啊！
年底想安排個旅遊～休完！

靠！我還有14天！

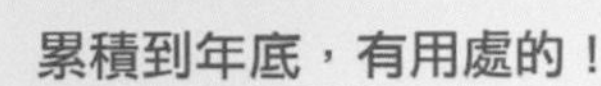
累積到年底，有用處的！

靠！真假？你根本都沒休了啊！

....
HA!HA!HA!
老闆只要宣布特休未休
可換錢～我就賺到了！

HAHAHAHA!
注意！本年度特休請休完，
沒休完者，視同放棄權利！

資深員工，越來越多～特休假也非常多，
影響公司的工作調度……
Boss

為了公司的永續經營，
只好這麼做了！

Boss

注意！本年度特休請休完，
沒休完者，視同放棄權利！
HAHAHAHA!

關於補休

這個月～工作很多，
加班也變多～
我要更加努力！

這樣加班費就變多了！

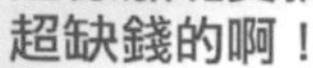
超缺錢的啊！

YES!!

老闆好!!

唉呦～不錯哦～這麼晚了，
奇可你還留在公司加班啊！

是....
嗚～

這個月的加班，記得全部
補休掉哦～好好休息！

唉……這個月營運不佳
但加班費怎麼超標？

員工看起來都很認真，
但都是裝忙啊……
只想領加班費……
補休……
補休……
補休……
補休……
補休……
補休……
補休……

關於排休

下週公司沒啥訂單！我們要開始排休了！
全家一起出遊放鬆一下吧！GO！GO！GO！

老闆說……一筆大訂單來了，
下週的排休通通取消……

唉～下週看起來沒什麼訂單，
應該可以讓員工排休了！
Boss
嘟！
Boss
是～好！我了解了，
沒問題！沒問題！
Boss
....
Boss
COCO秘書！通知下去，
訂單來了，下週取消排休！
全力加班！
大訂單丫!!!
....

關於年假

這次春節年假有9天，
可以放得超爽的XD

我已經安排泰國6日遊～
水喔～

我也安排日本京都5日遊！
讚喔！
……
我被安排……
公司值班9日遊。
嗚～

快過年了，要找人來值班一下！

老闆……我家母豬坐月子無法輪值。

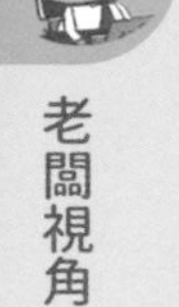

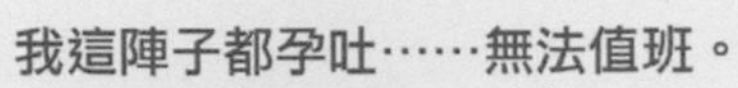

我這陣子都孕吐……無法值班。

我眼睫毛發炎……無法值班。

乾……就是要逼我抽籤就對了？

任何休假，只要能休，
我也很想讓員工休……

我們只想好好休個假……
好好陪陪家人……

我只想
休假耍廢……
我只想休假，
好好把個咩……

會議の
視角

報告時間

10分鐘後……

5個小時後……

時間沒有很多，每人報告5分鐘就好。
Monkey

誰要先報告的啊？
Monkey

・・・・・
・・・・
Monkey

不要叫我……
不要叫我……
我要點名囉……
Monkey

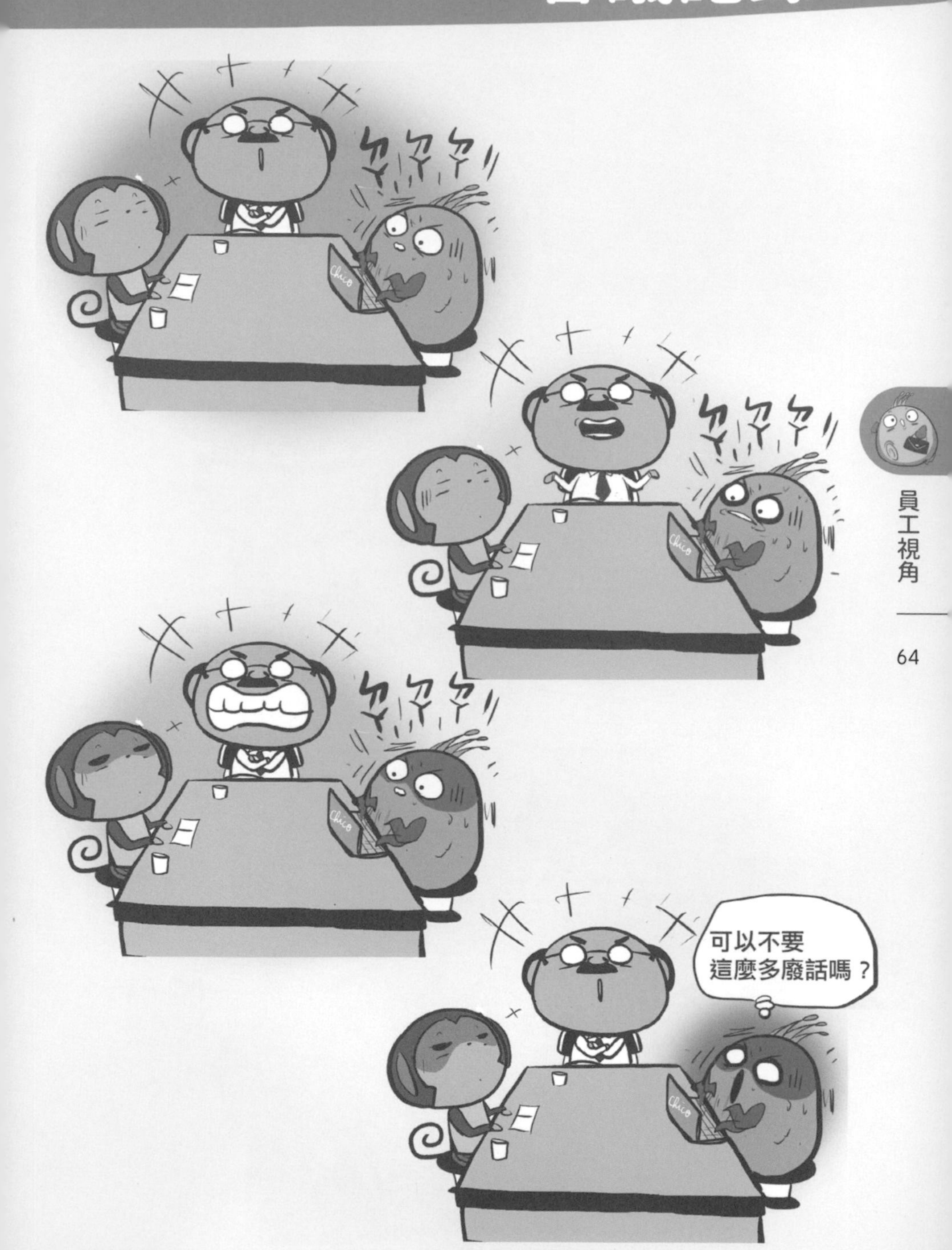

可以不要
這麼多廢話嗎？

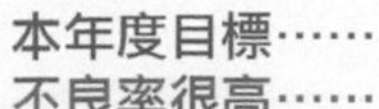
本年度目標……
不良率很高……

CHICO

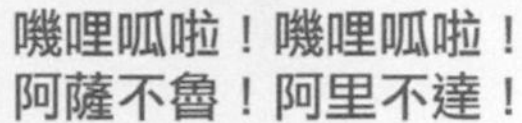
嘰哩呱啦！嘰哩呱啦！
阿薩不魯！阿里不達！

CHICO

幹嘛我說什麼都打成會議記錄？
打重點就好了啊……呿！
CHICO

會議報告

自從盤古開天～
女媧補天～

三皇五帝～
堯舜禹之後～

哦哦哦哦！好厲害！
上去報告之後就滔滔不絕，
報告也弄得超炫的！
……
講久一點……講久一點……
講久一點……講久一點……
阿拉～
阿門～
阿彌陀佛～
……

‧‧‧‧
噴……幹話一堆，
完全沒重點……
講重點！
不要講幹話！
‧‧‧‧
慘了，不能拖時間，
趕快準備報告……
繼續啊……

會議召集

通知所有部門，5分鐘後開會！

謎猴！老闆說5分鐘後開會！

豬吠！老闆說5分鐘後開會！

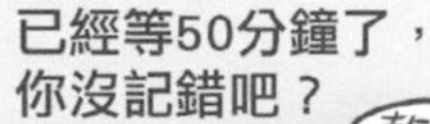

啊老闆咧？
不是說5分鐘後開會？

已經等50分鐘了，
你沒記錯吧？

乾....

通知所有部門，5分鐘後開會！

先去上個廁所。

哦！林董啊！非常抱歉
我馬上過去處理！

△※
◎W
＃回
YZ#

50分鐘後……

會前準備

謎猴你先下班吧～
我要準備明天的會議報告。

你超拚命的啊！

明天的會議是老闆主持，
所以要小心謹慎報告！

那我先走囉～
掰掰呦！

17：20

19：20

完成了！明天會議，
絕對讓老闆刮目相看！

23：20

隔天

老闆臨時出國，
今天會議取消。

為了明天會議，看了一堆部門資料。

李秘書！幫我訂最早到
越南的班機！
然後明天會議取消！

這講下去應該
沒完沒了了……
打電話回家。
腦婆，我今天開會，
晚點回家哦……
好了……
可以聽唸經了。

好！今天會議到這邊
下週繼續！散會！
靠!結束了?

每次會議重點
只有5分鐘⋯⋯
其他都聽老闆在唬爛。
嘿啊～
對啊！
咳！咳！
⋯⋯
唉⋯⋯原來我已經變成
會議上碎念的老頭了⋯⋯
今天把會議時間縮短吧⋯⋯

會議出席

老闆主持的會議

非老闆主持的會議

奇可～這是產銷會議通知，
下週要開會哦～準備一下！
又要開沒用會議了？

奇可～這是產銷會議通知，
下週要開會哦～準備一下！
又要開沒用會議了？

靠！老闆要主持！
對啊～

乾……豬呔召集的會議？
他每次都在浪費時間，
有點不想去……
我也不太想。

不跟你聊了！要去
準備會議報告了！

好哦！加油！

咦？今天不是要開會嗎？人咧？

董事長，明天有6個公司會議，
你想要出席幾個？
Boss
寫全部出席。
真假？全部去！
Boss
當然不是～
去2個重要的就好。
那幹嘛寫
全部去？
Boss
哼哼哼哼……
這樣出席率才會高啊……
Boss

對於會議
講求效率

有老闆在，不可能有效率……

營運視角

盈利狀態

聽說今年公司
盈利創新高！
Yes!
Yes!

要求老闆加薪！
年終加碼！
分紅利！

Yes!
Yes!

投票表決！
誰去跟老闆講！
奇可!!
奇可!!

咽……
有什麼事嗎？

那個……

嗚嗚嗚嗚……
公司終於有盈利了，
這都是全體員工努力！
今年一定要幫員工調薪！
年終要發多一點！
讓員工好過年啊！
Yes!
Yes!
Yes!

公司有賺錢,就快拿錢回家，
你兒子還要上大學沒錢啦！

啊……是……
....

虧損狀態

今年公司是虧損狀態欸！

真假？虧損！

靠北……年終沒了！

三節獎金也沒了……

紅利也沒了……

連薪水也可能發不出來……

下週開始
休無薪假。
乾

林董……可否跟你周轉一下？
最近手頭有點緊……

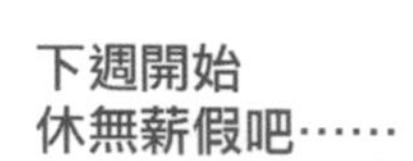
老婆……家裡還有
多少存款可提領？
我要先發給員工薪水……

哎~~~

下週開始
休無薪假吧……

家裡的降低成本

公司的降低成本

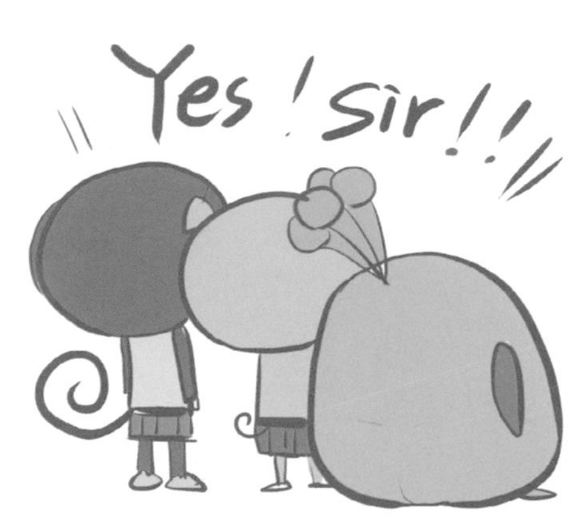
Yes! Sir!!

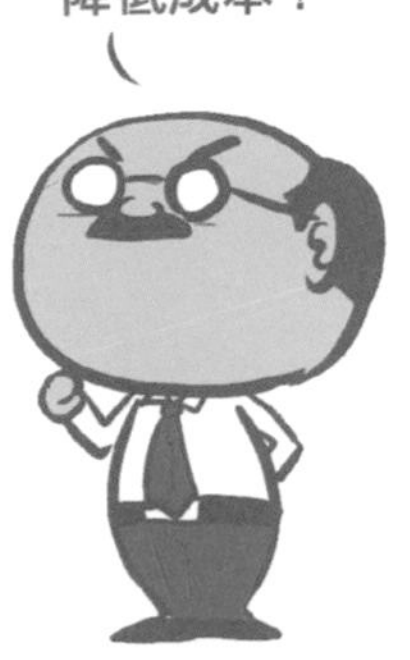
明天開始，公司執行
降低成本！

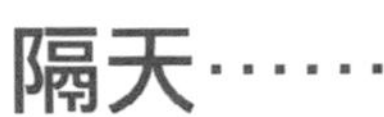

隔天……

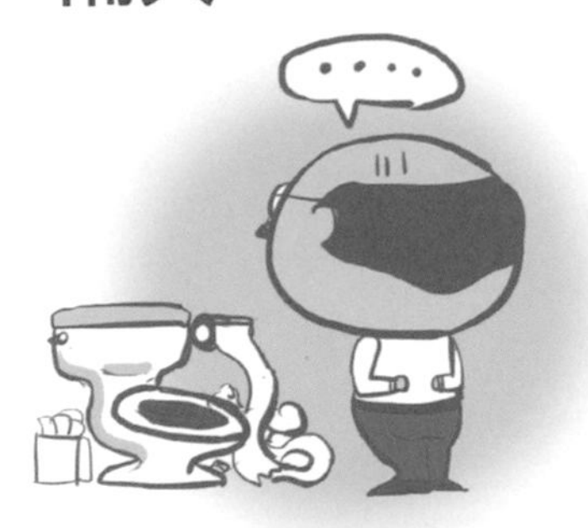
…

衛生紙

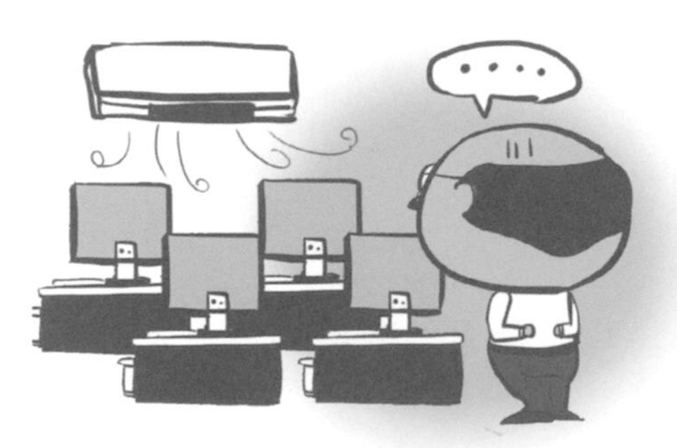
…

冷氣

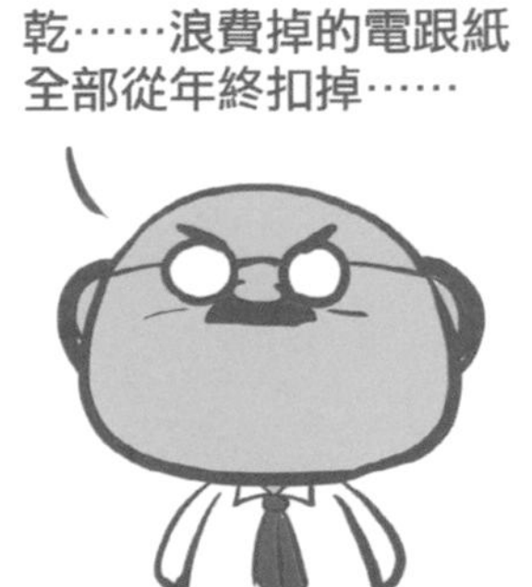
乾……浪費掉的電跟紙
全部從年終扣掉……

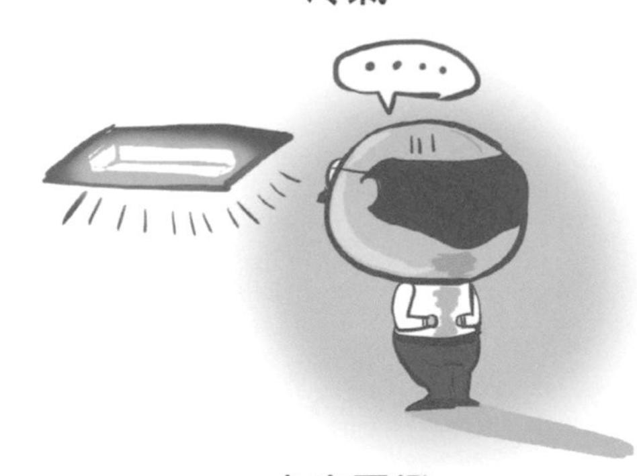
…

走廊電燈

宣布一件重要事情，
公司於明年度……

在馬來西亞
會設廠做重要投資！

媽祖保佑，
不要被派駐到海外！

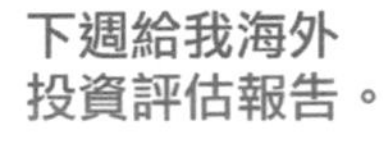
下週給我海外
投資評估報告。

OK

Boss

下週給我海外
投資規劃報告。
OK
Boss

下週給我
投資財務報告。

OK

Boss
求媽祖賜籤，
該不該在海外
做這個投資？

公司增員

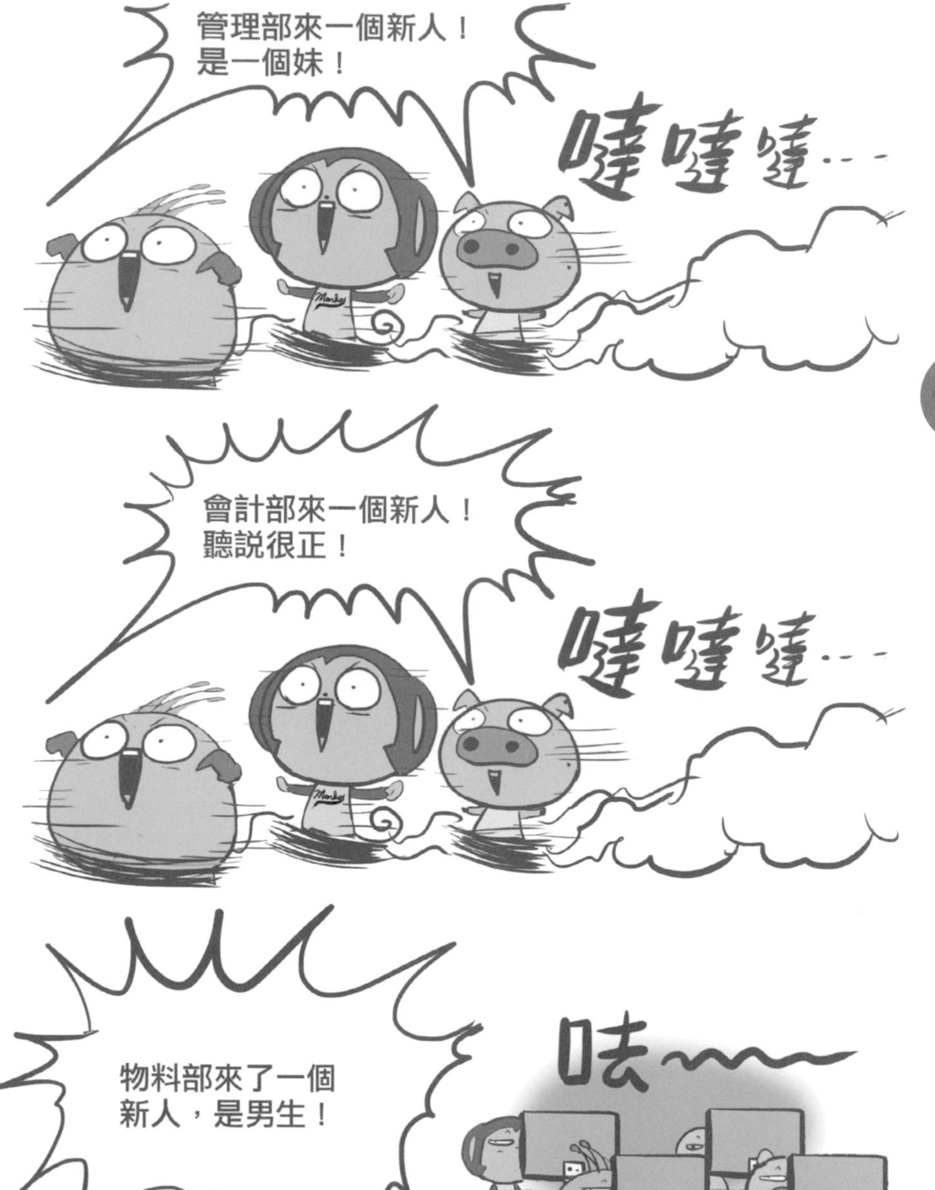

管理部來一個新人！
是一個妹！
噠噠噠…
會計部來一個新人！
聽說很正！
噠噠噠…
物料部來了一個
新人，是男生！
呿～～

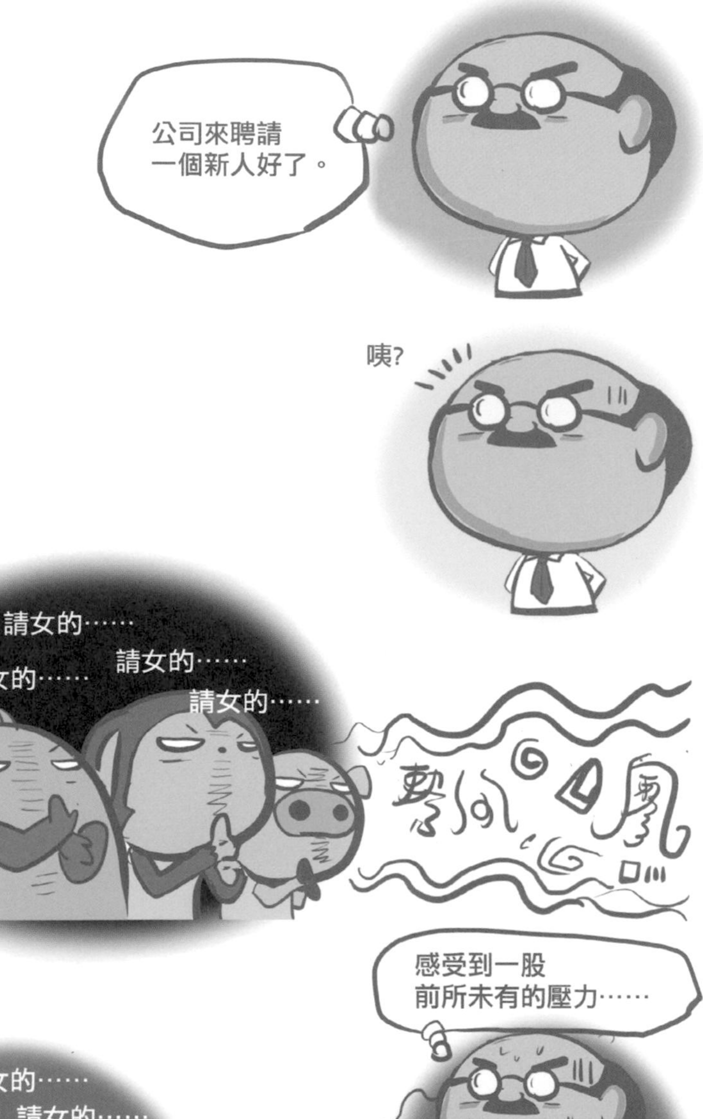
公司來聘請
一個新人好了。
咦?
請女的……
請女的……
請女的……
請女的……

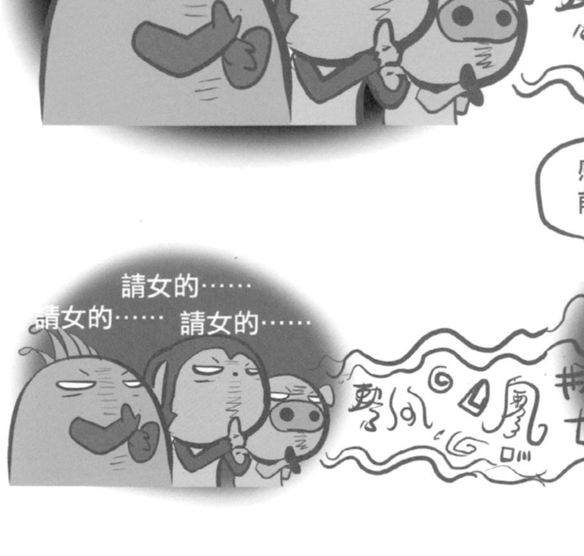
感受到一股
前所未有的壓力……
請女的……
請女的……
請女的……

公司營運不佳，聽說
老闆要裁員100人呢……

年資未滿3年的都很危險，
還好我剛好滿3年～

還好～我5年了

乾！林北2年11個月！

營運不佳，準備來裁員了……唉！
咦？
不要裁我……
不要裁我……
不要裁我……
再不去工作！
第 1 個裁你們！
不要裁我……
不要裁我……
不要裁我……
不要裁我……

營運要更好～
我們生活才平穩！
營運要更好～
我能給的才更多！

八卦・視角~・

關於抱怨

公司伙食真的很差，
不要跟老闆說哦！

公司休假制度很不公平，
不要跟老闆說哦！

不會啦！

公司人事有問題，
不要跟老闆說哦！

每個人這麼多抱怨，
怎麼不告訴老闆？

奇可在抱怨公司
伙食很差。

OH.

奇可跟我說休假制度不公。

OH.

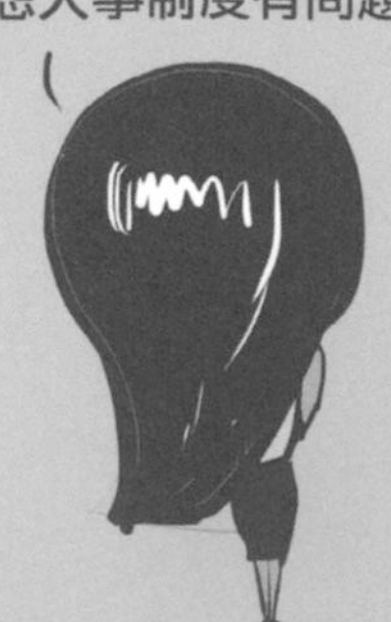
奇可抱怨人事制度有問題。

OH.

聽說你對公司很多抱怨？
啥小啦!!!
靠

關於流言

老闆這陣子常常咳嗽……
咳！咳！

這症狀可能是肺癌！

我懷疑老闆得肺癌了……
啥密?!

老闆得肺癌了！
啥密?!

老闆肺癌末期了！

我懷疑得沒錯！

替老闆集氣、幫老闆祈福！
???

咳！咳
老闆你咳嗽還好嗎？

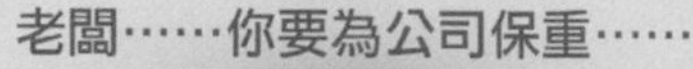

老闆……你要為公司保重……

老闆……這是全體員工所摺的祈福紙鶴，
希望你能好起來……

咳！咳

有這麼嚴重嗎？我只是小感冒啊……

關於傳聞

送個公文給老闆簽～

今年營運不錯～COCO，
等一下發個公告，年終120天。
那今年制服要發嗎？

不發了！
OK
咦?!

年終
不發了..

聽說今年年終有100天啊！
我聽說只有90天欸～

……

我剛才去老闆辦公室，
老闆說年終不發了！

什麼爛公司啊！
賺那麼多還不發！
靠北！
乾！

我什麼時候說過
我不發年終啊？

關於告密

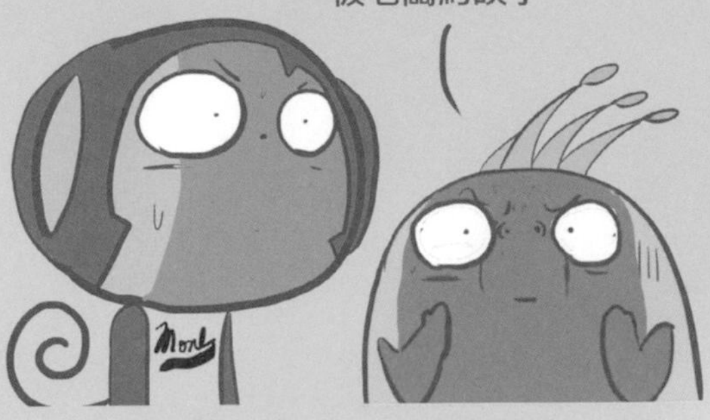

靠！我昨天因為上班上網
被老闆約談了……

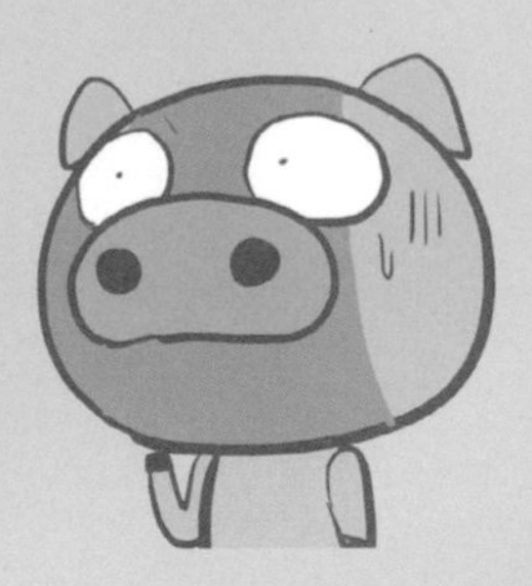

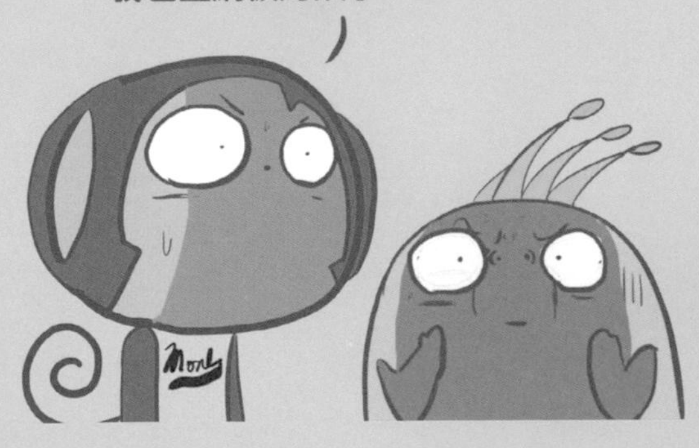

我也上網被約談了……

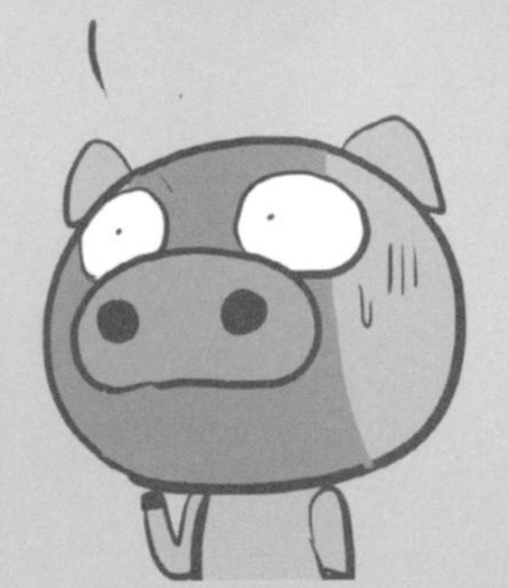

乾……我也是欸！

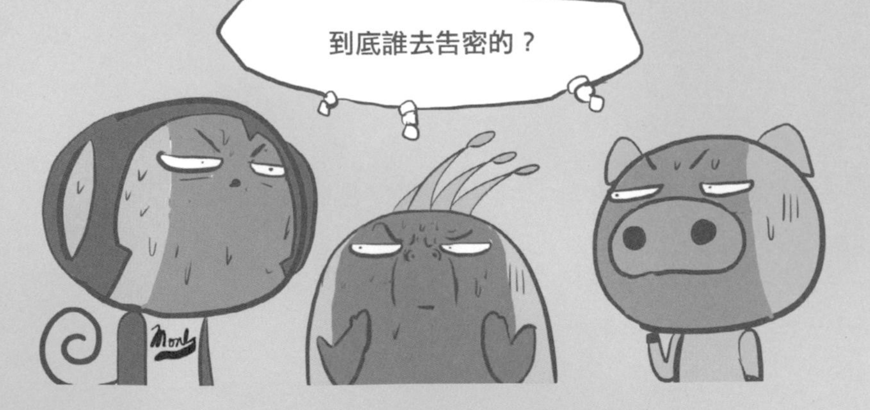

到底誰去告密的？

老闆～奇可上班
都在偷上網看棒球！
嗯?!

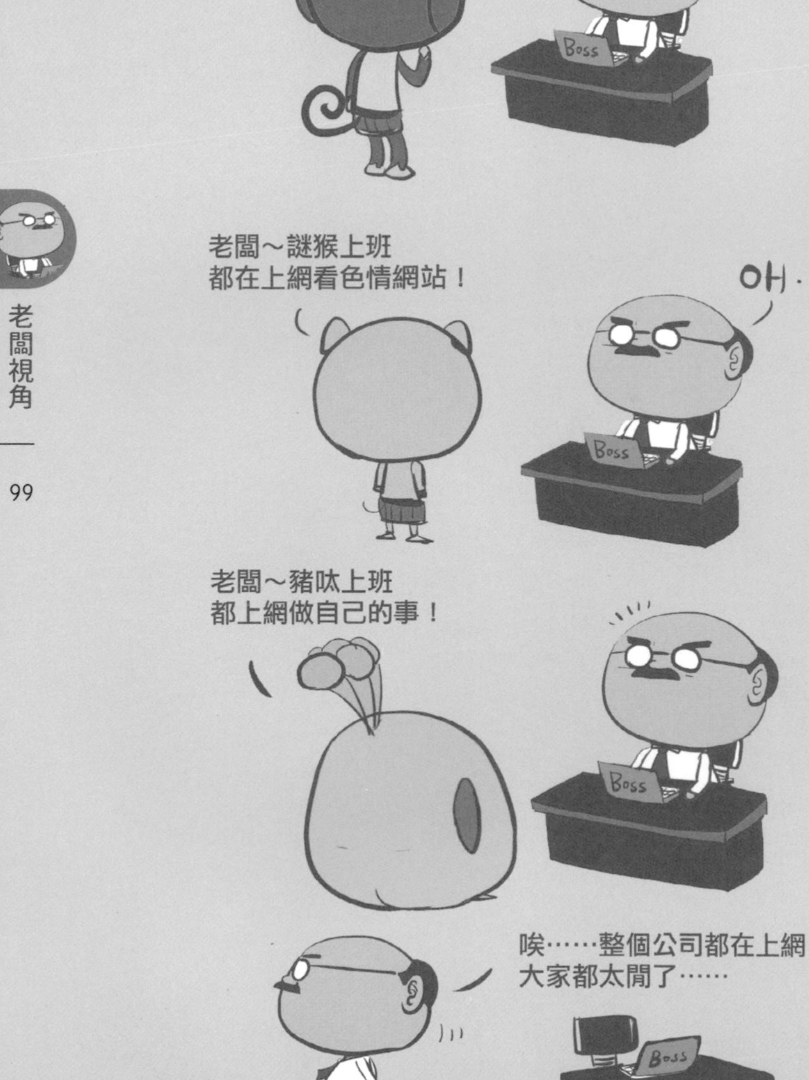
老闆～謎猴上班
都在上網看色情網站！
OH.
老闆～豬呔上班
都上網做自己的事！

唉……整個公司都在上網
大家都太閒了……

關於緋聞

老闆最近很常
跟恐龍妹說話欸！
靠！真的假的？！

咦?!!

他們一定有曖昧啦！

靠！老闆竟然
跟恐龍妹？
超扯的啦！

啊～老闆也為我傾倒～
我真的是個罪孽啊～

叩～

老闆跟秘書～
好像有一腿啊！
．．．．
老闆跟恐龍妹～
好像有一腿啊！
．．．．
老闆跟奇可～
好像有一腿啊！
我對男生
沒興趣！

有公告欸！下週開始
上班嚴禁用電腦上網。
Shit!
靠！
公布欄

沒說不能用
手機上網。
對啊！
對齁！
公布欄

這叫做~上有政策，下有對策！
HA
HA
HA
HA

上班都在用
電腦上網……

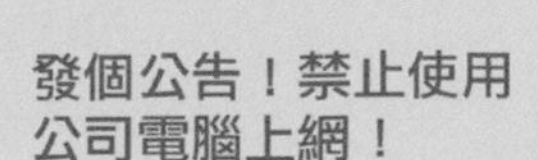
發個公告！禁止使用
公司電腦上網！

Boss

又沒說不能用手機上網！

....

再發公告！
禁止用手機上網！
Boss

那就換用平板電腦
來上網吧~

....

唉……好灰心……

關於升遷

奇可，聽說你升官了！要請雞排啦！
好啦！好啦！

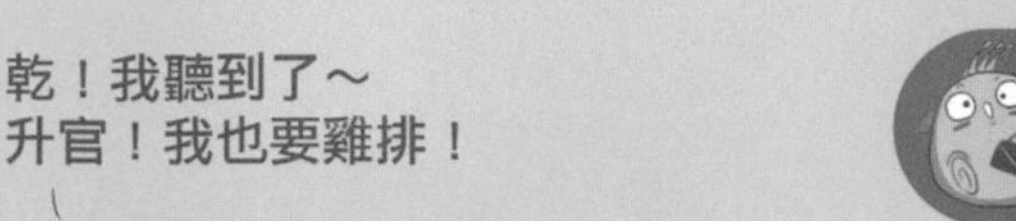

乾！我聽到了～
升官！我也要雞排！
好啦！好啦！

我也要雞排！

聽說有雞排可以吃哦～
免費的！
靠北丫！
嘩！嘩！

今年做了一波
人事升遷～員工
應該很有士氣。

請吃雞排啦！
升官捏～
對啊！
靠北ㄚ！

唉……升遷他們的是我，
但只有我沒吃到雞排。

老闆也是人～
也想聽八卦！
可是……老闆，
跟你講就不八卦了！
Monla

娛樂
視角

尾牙表演

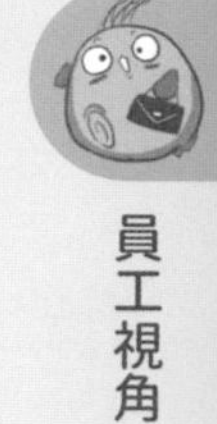

路邊一棵！榕樹下～
安可！
水啦！
謝謝！感謝！
謝謝大家的支持！

看來我的歌聲大受歡迎
明年再來唱〈榕樹下〉，
加碼一首〈無言的結局〉！

有不祥的預感……

尾牙頭獎

乾……

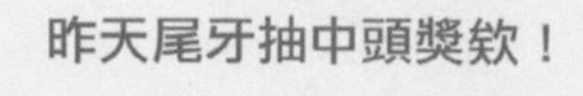

昨天尾牙抽中頭獎欸！

請客啦！

對啊！請客！

……
請雞排！
請飲料！
請雞排！
請飲料！

請雞排！
喝珍奶！

隔天

您好～雞排跟珍奶
一共是10050元！

中頭獎1萬元，請雞排飲料
花了1萬多，沒天理啊……

我們來摸出今晚的頭獎！
得獎的是……
摸彩箱

我自己!!!
HA
HA
HA
HA
摸彩箱

捐出來！
捐出來！
捐出來！
捐出來！
捐出來！
捐出來！
....
摸彩箱

公司活動規定自由參加

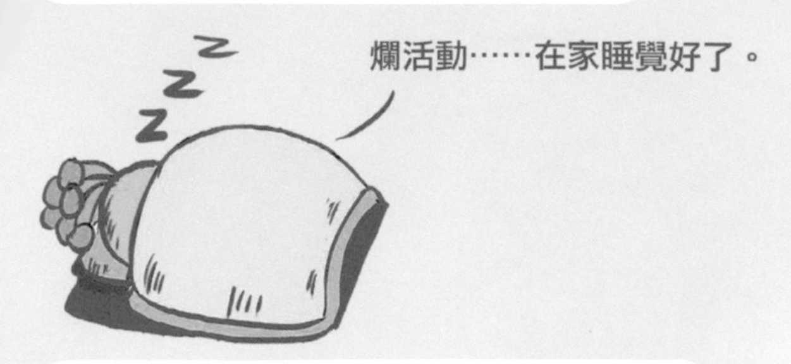

爛活動……在家睡覺好了。
ZZZ

公司活動規定一定要參加

你們有來哦？
大家都有參加。
對啊～沒辦法，
公司規定一定要來。

公司活動有參加的都可領1000元

明天你們跟我一起去
全家就可以領3000元了！

公司本週日活動
參與度怎樣？

因為自由參加，沒人報名

硬性規定參加後，狀況怎樣？

有哦！有70%的人都參加了～

發放1000元後～參與度怎樣？

員工連家屬都帶來參加了呢～

員工向心力……
真的建立在金錢上嗎？

員工旅遊

這次舉辦員工旅遊～
3梯次～你們要去哪梯？

我第3梯。
我第2梯。

怎麼沒人去第1梯？

……

因為第1梯有老闆。
我去第2梯好了！

老闆～這是這次員工旅遊
各梯次所有參加的名單～
Boss

為什麼第1梯次
只有我1個人？
Boss

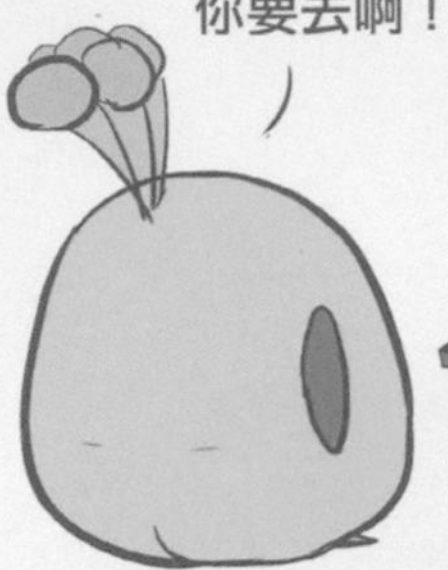
就是因為
你要去啊！
……
Boss

搞什麼東西！
你改成第1梯跟我去！
Boss

唱KTV老闆不在場

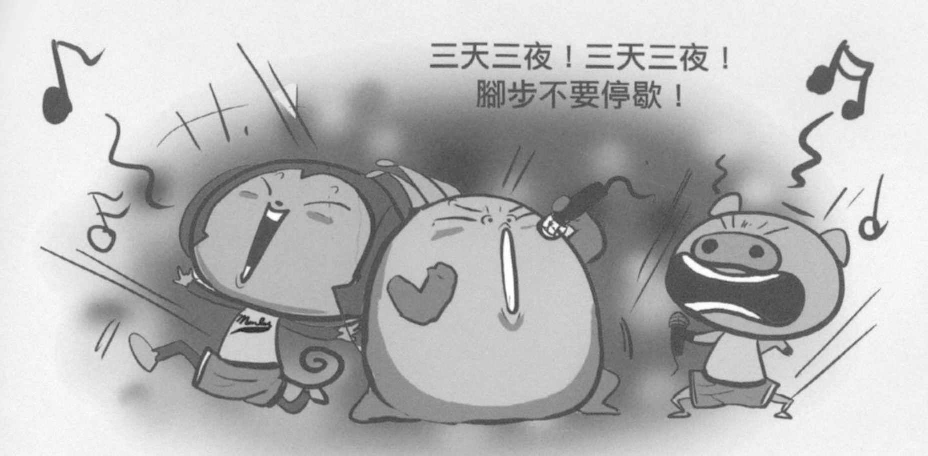
三天三夜！三天三夜！
腳步不要停歇！

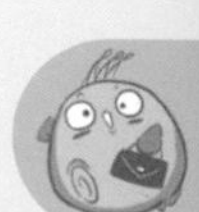

唱KTV老闆在場

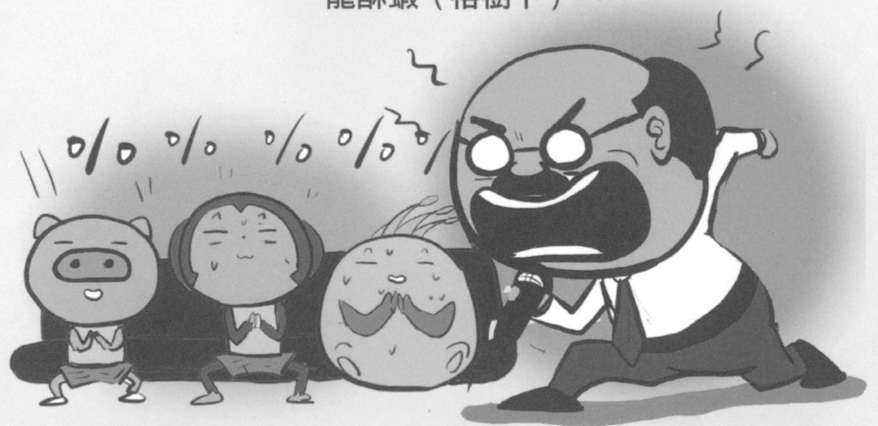
魯編一可（路邊一棵）～
龍酥蝦（榕樹下）～

老闆～我們今天要去歡唱，
想邀請你參加。

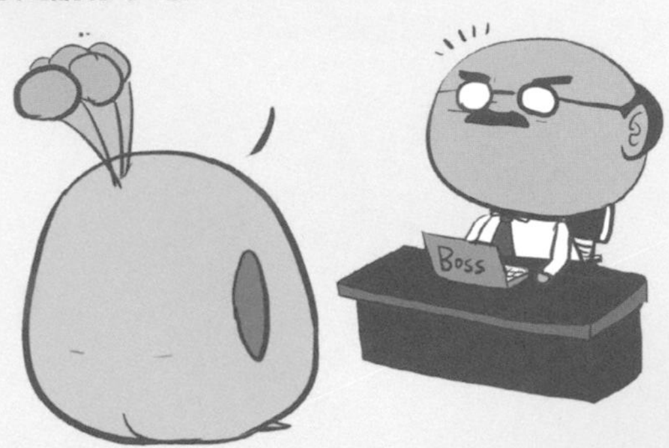

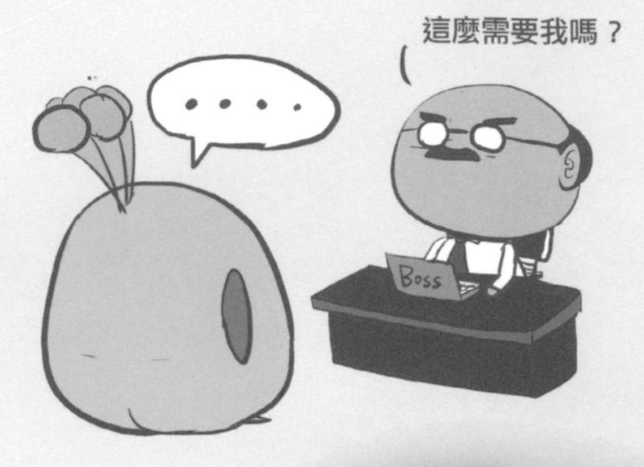

這麼需要我嗎？
....

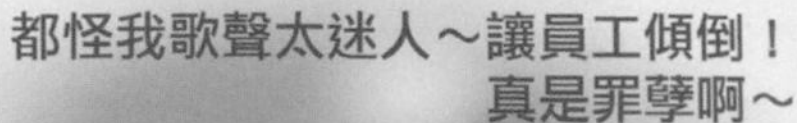

都怪我歌聲太迷人～讓員工傾倒！
真是罪孽啊～

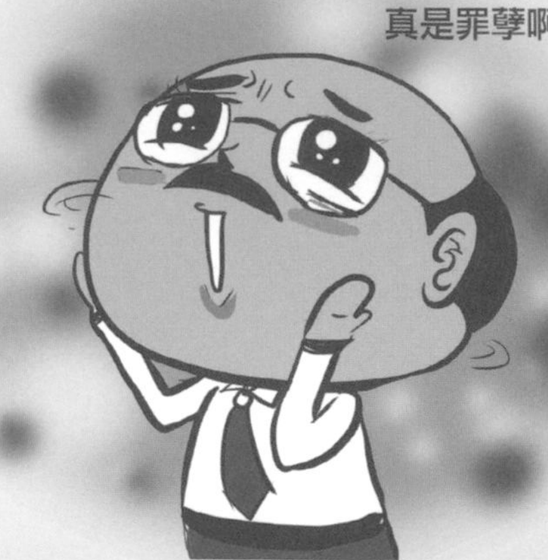

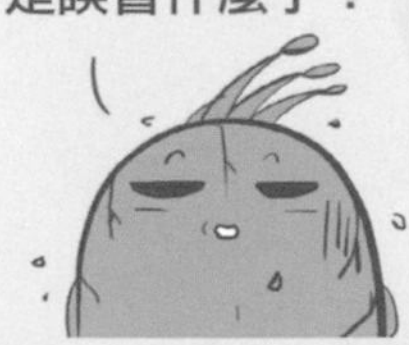

是不是誤會什麼了？

紅色炸彈

我接到恐龍妹的紅色炸彈了，
她竟然要結婚了！怎麼可能？
靠…

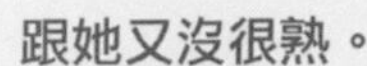

跟她又沒很熟。

幹嘛亂放炸彈啊？
要包多少啊～

不如我們1人600元，合包1包就好。

你很機掰欸～
但很中肯！

HA
HA
HA
HA

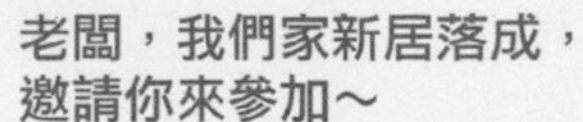

OK~

老闆，我下週要結婚了，
邀請你來參加~

這是我家貓咪的彌月蛋糕，
請老闆你吃~

今年都還沒賺到錢，
就要包一堆紅包出去了……

老闆：

公司任何娛樂活動～希望大家參與，
提高公司向心力是我目標～

員工：

我們的向心力，來自於Money！

心情語錄

未來的期望

我是一個平凡的上班族，我叫吳奇可。
你問我對公司未來的期望？

我要的其實很簡單，我只要每天準時上下班。
假日可以在家耍耍廢、放放空，看愛看的電視節目。
偶爾可以陪陪家人吃吃鹹酥雞。

曾幾何時，這些已是一種奢求。

我是個創業者，經營一個企業體，已經快20個年頭，你問我未來的期望？

我想找個可以接班的人，我可以退休，好好睡個覺。

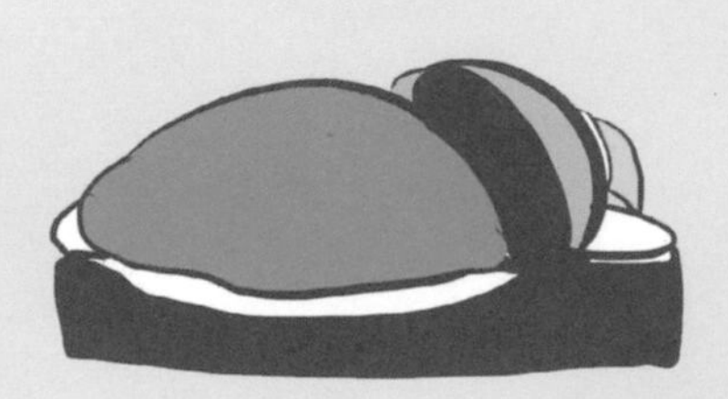

不要再為了員工的生計奔波，每天應酬，不知白天黑夜。

但是看到公司的狀態，我只能打消念頭。為了這麼多家庭，我還是要撐下去。

難念的經

怎會不知道
今天是兒子生日？

咳！咳
....
你嫁給公司就好！
....
取消訂單啦！
搞什麼鬼！

....
老闆……我想離職……

唉……

進公司的體檢報告
體檢報告

第3年公司的體檢報告
體檢報告

第7年公司的體檢報告
體檢報告
乾……

你要休息了……再這樣下去，
你的身體會完蛋……

休息啊……
我如果休息，

幾百個家庭
生計怎麼辦？

半夜心情

半夜我坐在
窗前看著
寧靜的夜空，
無法入睡。

叮咚!!
因為下一秒，
可能因為通訊軟體
的叮咚聲，

我就知道……
公司的生產線
又出問題了。

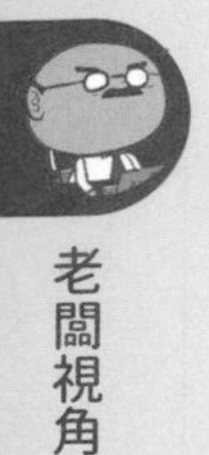

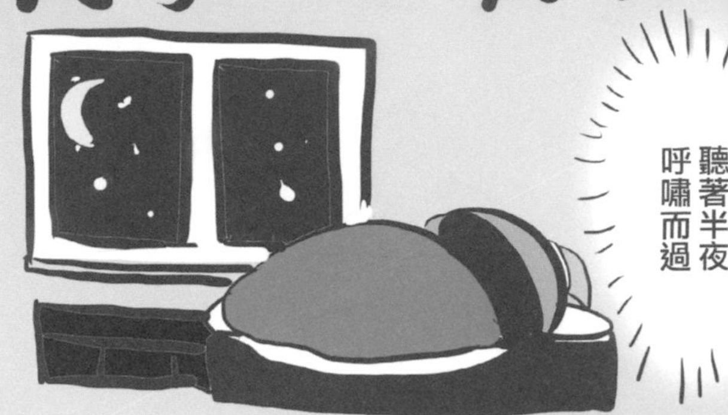
喔咿~ 喔咿
聽著半夜呼嘯而過
的救護車聲，

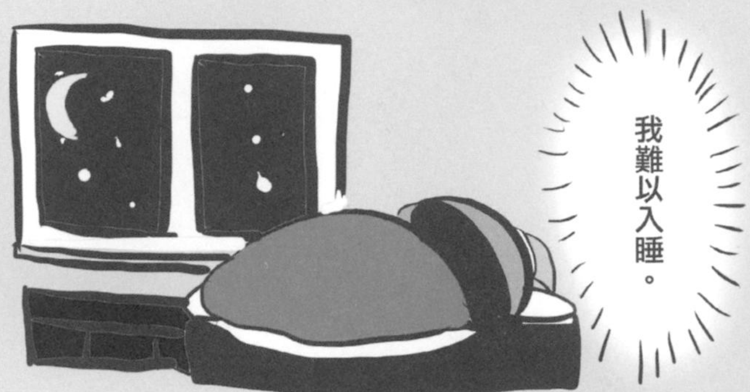
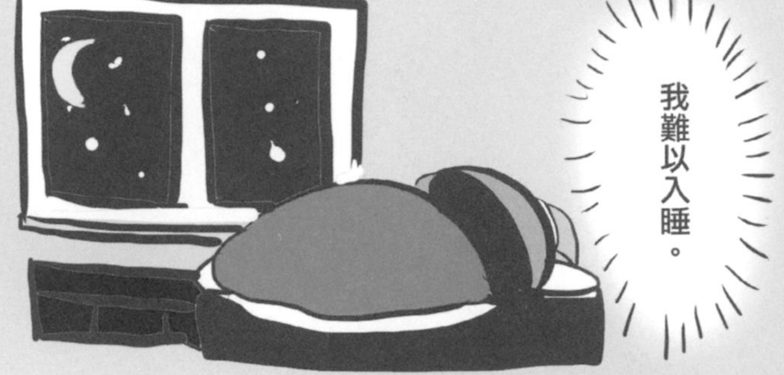
我難以入睡。

因為每一個重大決定，都影響公司營運還有員工生計。

如果

趕上班
嗶!!
08:05
剛好8點5分!!!!!

忙碌
喝喝喝!!!
嘻嘻…
....

加班
....

沒年終
共體時艱。
....
BOOOM!

如果我是老闆，
我一定不會這樣
對待員工！

日夜不分

飲食不正常

營業額

盈餘

靠

營運壓力

員工閒言閒語

如果……能重新選擇，我想當員工！

想說的話

如果要對員工
說一句最想說的話，
你會想說什麼？
Boss

....
Boss

共．體．時．艱

Boss

老闆的心情：

公司是永遠不能放下的重擔。

員工的心情：

家庭是永遠不能放下的甜蜜負擔。

經過了2個半月的趕稿，終於把一百多頁的圖文書完成了。在繪製這本圖文書的同時，我自己都被當中幾篇的情節觸動到。

當自己是上班族時，我每天罵著老闆：為什麼不這樣做？不那樣做？

但當自己站在創業者這位置時，我卻覺得自己當初在罵老闆的我很機車。

你覺得當老闆的都很機車，但是你真正當上老闆時……你會發現，你自己就這麼機車……

上班的員工領的是一份薪水，每個人為五斗米折腰，他們要的是個溫飽，沒有人會去管你老闆的夢想，老闆的志向，還有老闆的偉大抱負；當老闆的，總覺得員工為什麼不能跟著他的腳步、跟著他的夢想還有志向奮力打拚！！

當對應的視角一出現時，我頓時覺得我的人生好矛盾，正因為這樣的矛盾，我才認為這本書圖文書越有存在的價值。把資方的心境告訴勞方、把勞方的苦楚告訴資方，不要覺得員工為什麼只想把自己份內的事情做好而已，因為他們想用更多時間陪伴家人，為公司拼命，公司不會是他的，但家人是他的唯一；也千萬不要覺得老闆很爽，因為他要照顧的家庭更多，一個決定可能成就更多家庭、也可能毀了一堆員工的家庭生計。

後記

勞資長久以來都是一種對立多於合作的現象，我不求我這本書的視角，能改變什麼制度或是現況，但求勞資雙方因這本書的視角，能多換位思考，能多一絲絲的和諧，那就夠了。

人生不過短短幾十年，能在同一間公司上班，甚至成為主雇關係都是一種緣分，奇可希望的，是每一段緣分都是一個可懷念的、是不捨得~而非惡言相向，勾心鬥角。

最後~感謝你們看完這本圖文書，也捧場了奇可的圖文書，不管你是有花錢沒花錢，奇可都很感激你願意翻閱這本書。認同奇可的視角論述的，我感謝你喜愛；不認同奇可的視角論述，我也希望您指教。有機會~奇可再以職場為主題，畫出讓你們更能認同的作品。

期待有緣再相見~

吳奇可筆

畜生活

慣老板、豬隊友
全不是想像中那樣？

作者 奇可奇卡
編輯 簡語謙
校對 簡語謙、奇可奇卡
封面插畫 奇可奇卡
美術設計 劉錦堂

發行人 程顯灝
總編輯 呂增娣
主編 徐詩淵
編輯 吳雅芳、黃勻薔、簡語謙
美術主編 劉錦堂
美術編輯 吳靖玟、劉庭安
行銷總監 呂增慧
資深行銷 吳孟蓉
行銷企劃 羅詠馨
發行部 侯莉莉
財務部 許麗娟、陳美齡
印務 許丁財

出版者 四塊玉文創有限公司
總代理 三友圖書有限公司
地址 106台北市安和路二段二一三號四樓
電話 (02) 2377-4155
傳真 (02) 2377-4355
E-mail service@sanyau.com.tw
郵政劃撥 05844889 三友圖書有限公司

總經銷 大和書報圖書股份有限公司
地址 新北市新莊區五工五路2號
電話 (02) 8990-2588
傳真 (02) 2299-7900

製版印刷 卡樂彩色製版印刷有限公司

初版 二〇二〇年二月
定價 新台幣二八〇元
ISBN 978-986-5510-03-9（平裝）

◎版權所有・翻印必究
書若有破損缺頁 請寄回本社更換

SANYAU
http://www.ju-zi.com.tw
三友圖書
友直 友諒 友多聞

《有一種愛情：是你，才夠浪漫》
作者：粗眉毛／定價：299元
儘管沒有少女漫畫裡的浪漫情節，儘管總是吵吵鬧鬧又互相調侃，但是在你身邊總是能坦然自在地做自己；不管日子是精采還是平淡，我們也能互相扶持，一起成為彼此的依靠。

《太太先生之不管神隊友還是豬隊友，你就是我一輩子的牽手！》
作者：馬修／定價：280元
太太的心聲：有時候真的不需要買昂貴的禮物或鮮花，只要一個擁抱或關心，就會心滿意足；也用幽默的對話提醒太太們，男人有時候只是忘了將愛說出口、只是偶爾想打個電動而已啦！

《謝謝你愛我：太太先生2》
作者：馬修／定價：250元
腦公總是叫不動、眼睛老是黏在電視和手機螢幕上嗎？倒個垃圾要三小時、做家事要三催四請五拜託！！這回，作者馬修和太太攜手，公開最私密、最有效的腦公訓練秘笈，獻給全天下的太太與女朋友們！

《全世界我最愛你：太太先生3》
作者：馬修／定價：250元
讓腦公變身暖男歐爸的最新祕笈壓軸上市！當太太變成媽媽，先生變成爸爸……會有哪些讓人捧腹大笑、動人溫馨的故事？翻開本書你將發現，感情與婚姻的路上，還有太太先生的陪伴。

地址： 縣/市 鄉/鎮/市/區 路/街

段 巷 弄 號 樓

三友圖書有限公司 收

SANYAU PUBLISHING CO., LTD.

106 台北市安和路2段213號4樓

「填妥本回函，寄回本社」，
即可免費獲得好好刊。

\ 粉絲招募歡迎加入 /

臉書／痞客邦搜尋
「四塊玉文創／橘子文化／食為天文創
三友圖書——微胖男女編輯社」
加入將優先得到出版社提供的相關
優惠、新書活動等好康訊息。

四塊玉文創×橘子文化×食為天文創×旗林文化
http://www.ju-zi.com.tw
https://www.facebook.com/comehomelife

者：

購買《社畜生活：慣老闆、豬隊友全不是想像中那樣？》一書，為感謝您對本書的支持，只要填妥本回函，並寄回本社，即可成為三友圖書會員，將定期提供新書資訊及各種給您。

名 ____________ 出生年月日 ____________

電話 ____________ E-mail ____________

通訊地址 ____________

臉書帳號 ____________

部落格名稱 ____________

1 年齡
□18歲以下 □19歲～25歲 □26歲～35歲 □36歲～45歲 □46歲～55歲
□56歲～65歲 □66歲～75歲 □76歲～85歲 □86歲以上

2 職業
□軍公教 □工 □商 □自由業 □服務業 □農林漁牧業 □家管 □學生
□其他 ____________

3 您從何處購得本書？
□博客來 □金石堂網書 □讀冊 □誠品網書 □其他 ____________
□實體書店 ____________

4 您從何處得知本書？
□博客來 □金石堂網書 □讀冊 □誠品網書 □其他 ____________
□實體書店 ____________ □FB（四塊玉文創／橘子文化／食為天文創 三友圖書 —— 微胖男女編輯社）
□好好刊（雙月刊） □朋友推薦 □廣播媒體

5 您購買本書的因素有哪些？（可複選）
□作者 □內容 □圖片 □版面編排 □其他 ____________

6 您覺得本書的封面設計如何？
□非常滿意 □滿意 □普通 □很差 □其他 ____________

7 非常感謝您購買此書，您還對哪些主題有興趣？（可複選）
□中西食譜 □點心烘焙 □飲品類 □旅遊 □養生保健 □瘦身美妝 □手作 □寵物
□商業理財 □心靈療癒 □小說 □其他 ____________

8 您每個月的購書預算為多少金額？
□1,000元以下 □1,001～2,000元 □2,001～3,000元 □3,001～4,000元
□4,001～5,000元 □5,001元以上

9 若出版的書籍搭配贈品活動，您比較喜歡哪一類型的贈品？（可選2種）
□食品調味類 □鍋具類 □家電用品類 □書籍類 □生活用品類 □DIY手作類
□交通票券類 □展演活動票券類 □其他 ____________

10 您認為本書尚需改進之處？以及對我們的意見？

____

感謝您的填寫，
您寶貴的建議是我們進步的動力！